HI! CATS!

# 猫

[希]朱莉安娜·普洛斯 —— 著

历史独角兽　呆头 —————— 译

*Cats*

中国友谊出版公司

# 喵星来客 HI! CATS!

## 目录

# 短毛猫 *052*

# 长毛猫 *122*

# 猫的行为举止 *170*

# 幼猫 *210*

（008页）世界上最受欢迎的品种之一——现代波斯猫，它有一张扁平的脸和一身长而柔滑的皮毛。

（009页）这种可爱的俄罗斯蓝猫以其一身短而密的银蓝色美丽皮毛而闻名。

# 前言

猫并不是真的有九条命，它们仅仅是在用爪子爬树、从高处跳下并安全着陆方面有卓越的能力。猫还可以跟踪和猛扑老鼠、蛇等猎物，使我们的房子和花园免受它们的侵袭。这些天然的猎手仍然拥有它们野生捕食者祖先——非洲野猫的许多天性和行为。尽管它们内心狂野，但依旧是我们毛茸茸的好伙伴。事实上，它们发出的"喵喵"叫声是专门为了与我们交流的！所有的猫，无论是家猫还是野猫，都属于猫科。

在公元前7500年左右，由于很适合在人类的聚居区附近生活，猫首次在近东（注：地中海东部沿岸地区）被驯养。19世纪中叶，猫的品种开始发展。当时志趣相投的猫主人们开始成立俱乐部，举办表演和比赛。全世界的家猫估计有7亿只，现在大体上可以分为短毛猫和长毛猫，但无论它们的品种如何，所有猫咪都属于一个物种：猫科动物。

# 野生
# 猫科动物

**WILD CATS**

## 欧亚猞猁（011—012 页）

**Eurasian lynx**
**拉丁学名：** *Lynx lynx*

欧亚猞猁是欧洲第三大食肉动物，仅次于棕熊和狼。然而，它是一种中等大小的野猫，属于较小的猫科动物亚种。

顾名思义，这一猞猁物种遍布欧亚大陆的大部分地区。它的黑色斑点冬衣可以渐变为银灰色到灰棕色不等，而在夏季则更偏红或棕色。它有黑色的耳簇和短尾巴，是猞猁属四种成员中最大的一种。

野猫以其威严的外表和高超的狩猎技巧而闻名。它们中的大多数体形都很小，比如虎猫或最小的锈斑豹猫。但有些品种的猫体形又很大，如狮和虎。包括家猫在内，世界上总共有 41 种猫。它们通常被单独发现，从热带雨林到沙漠和山脉，横跨欧洲、非洲、亚洲以及南北美洲的一系列栖息地都有它们漫步的身影。

每一个物种都有不同的生存策略以及独特的皮毛颜色和图案，使它们能够与环境融为一体。在野外，猫在黎明和黄昏最为活跃，这正是捕猎的最佳时机。

猫科动物分为两个主要的亚类：豹亚科——大型猫科动物和猫亚科——小型猫科动物。大型猫科动物因其吼叫声而闻名，例如狮、虎、豹、雪豹、云豹和美洲豹，而小型猫科动物只能发出呼噜声。但令人感到迷惑的是，并不是所有的大猫都能发出吼叫声。包括家猫在内的较小的猫科动物可以被分为七个群体或谱系。

可悲的是，大多数野猫现在要么濒临灭绝，要么受到威胁，主要原因是它们的栖息地丧失和偷猎猖獗。

## 加拿大猞猁（013页）

Canada lynx
拉丁学名：*Lynx canadensis*

加拿大猞猁是北美物种，其栖息地与它的主要猎物雪靴兔基本一致，主要分布在阿拉斯加、加拿大和美国北部的森林地区。它大而圆的爪子被厚厚的毛皮覆盖，使它能够在雪地里行走和狩猎。尽管腿很长，但猞猁还是以通过静静地等待，然后猛扑到猎物身上的方式狩猎。

## 短尾猫（014—015 页）

Bobcat
拉丁学名：*Lynx rufus*

短尾猫也被称为红猞猁，是北美物种，其名字来源于它的短尾巴。短尾猫是猞猁属的四个成员中最小的一个，它被认为是从 260 万年前进入北美的欧亚猞猁进化而来的。

## 伊比利亚猞猁 <small>(016页上图)</small>
Iberian lynx
拉丁学名：*Lynx pardinus*

伊比利亚猞猁原产于西班牙和葡萄牙，是濒临灭绝的野生猫科物种。它的皮毛呈黄色或黄褐色，有深棕色或黑色斑点。在所有猞猁成员中，伊比利亚猞猁是斑点最密集的。雄性每天要吃一只兔子，而处于育幼期的雌性每天需要进食三只兔子。

## 安第斯山猫 <small>(017页)</small>
Andean mountain cat
拉丁学名：*Leopardus jacobita*

濒危物种安第斯山猫原产于南美洲的安第斯山脉。它有灰色的皮毛，皮毛上有黑色或棕色的斑点和条纹。它还有一条长长的、被毛浓密的尾巴，尾巴上带有深色的环状花纹。人们常把它与南美草原猫混淆。安第斯山猫的眼睛两侧有两条斑纹，有圆圆的耳朵和黑色的鼻子。

## 乔氏猫 <small>(016页下图)</small>
Geoffroy's cat
拉丁学名：*Leopardus geoffroyi*

这种南美物种，以法国博物学家埃蒂安·杰夫罗·圣希莱尔（Étienne Geoffroy Saint-Hilaire）的名字命名。它的皮毛从黄褐色到灰色不等，有许多小黑点。它和家猫差不多大，但它的头更扁平，尾巴更短。

（018—019页） 在哥斯达黎加森林里，一只长尾虎猫（又称树虎猫）卧在一棵树上。长尾虎猫大部分时间都在树上，白天休息，晚上捕食啮齿动物、猴子、鸟类和昆虫。像熟练的杂技演员一样，这种野猫可以用前爪和后爪抓住树枝，在中间跳跃时，它们跳跃的水平距离和垂直距离可达2.4米和3.7米，甚至还能头朝下从树上快速移动下来。

## 长尾虎猫（019页）

Margay
拉丁学名：*Leopardus wiedii*

这是一种来自中美洲和南美洲的熟练攀登者，小型野生猫科动物长尾虎猫，又叫树虎猫（Thee ocelat）。它看起来与虎猫（Ocelot）相似，棕色皮毛上有深棕色或黑色斑点和条纹，但它的体形更小，尾巴更长。

# 南美草原猫（020页）

Pampas cat
拉丁学名：*Leopardus colocola*

这个南美物种比家猫稍大，而且尾巴毛更加浓密。虽然这种野猫是以一片名为潘帕斯的肥沃的低地平原的草原地区命名的，但在森林中也可以找到它们。它们皮毛的颜色、图案和质地差异很大，体形大小也因地区不同而不同。

# 小斑虎猫（021 页）

Oncilla

**拉丁学名**：*Leopardus tigrinus*

小斑虎猫也被称为北方虎猫，它经常被与中南美洲的近亲虎猫和长尾虎猫相混淆。不过这个物种体形较小，鼻口部较窄。它是南美洲最小的野猫之一，只有 1.5~3 千克重。

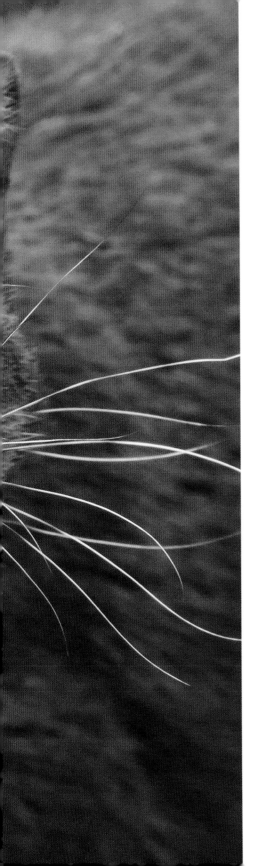

这是一种栖息于中美洲和南美洲的细腰猫，它正在发出咆哮和嘶嘶声。细腰猫有灰色或红色的，它们发出的声音非常大，还可以使用至少13种不同的声音进行交流——从呼噜声、口哨声、狂吠声和叽叽喳喳的声音到像鸟一样的啁啾声。细腰猫的身体长，头部扁平，腿短，尾巴长，比起猫来说更像鼬，鼬是一种包括獭和黄鼠狼在内的哺乳动物。细腰猫与猎豹和美洲狮的亲缘关系很近。

## 细腰猫（022—023页）

**灰色阶段称为**：Jaguarundi
**红色阶段称为**：Eyra
**拉丁学名**：*Herpailurus yagouaroundi*

# 猎豹（024—025 页）

Cheetah
拉丁学名：*Acinonyx jubatus*

这种大型斑点猫，头部小而圆，吻短，脸上有泪痕似的黑色斑纹，原栖息于非洲和伊朗中部。新生的幼崽背上有一层厚厚的被称为"披风"的黄灰色外套，这是它们的伪装。猎豹生活的社会群体有三种类型：带着幼崽的雌性、雄性豹群和独居雄性。

猎豹是陆地上奔跑速度最快的动物，从静止不动开始加速，可在 3 秒内加速到 96.6 千米 / 小时以上。猎豹除了身材纤细、肌肉发达外，还有一条长而柔韧的脊椎以及巨大的心脏、肺和鼻孔。这都有助于增加它们的奔跑速度，最高速可达 120.7 千米 / 小时。它们主要在白天捕食，紧盯猎物，然后突然加速，在追逐过程中用前爪绊倒猎物。

# 美洲狮（026—027 页）

Mountain lion
英文别称：Cougar，Puma，Panther
拉丁学名：*Puma concolor*

美洲狮也叫山狮，原产于美洲，是最大的美洲本土猫。虽然体形像一只大猫，但它属于猫科动物中较小的一个亚科。它以伏击的方式埋伏猎物——主要是鹿和其他哺乳动物——然后跳到它们的背上。凭借大爪子和长后腿，美洲狮可以跳到 5.5 米高的树上。

## 薮猫（028页）

Serval

拉丁学名：*Leptailurus serval*

一只雄性薮猫在非洲热带草原的草地上行走。薮猫是中等体形的斑点猫，耳朵大，腿长。在夜间和白天都很活跃，薮猫利用听觉来确定猎物的位置，它们可以跳跃高达1.5米，使视野超过高高的草地或去猎捕一只鸟！

## 狞猫（029页）

Caracal

拉丁学名：*Caracal caracal*

虽然它的近亲——非洲金猫和薮猫，一直生活在非洲，但狞猫在非洲和西亚都被发现了。狞猫又名沙漠猞猁和波斯猞猁，它的名字来自土耳其语 karrah-kulak，意思是"黑耳朵的猫"。它长长的耳簇使它看起来像猞猁，但狞猫的皮毛呈红色或沙色，没有任何斑纹。它有力的后腿使它能够冲刺、攀爬和跳跃。

### 非洲金猫（030—031 页）

African golden cat
拉丁学名：*Caracal aurata*

非洲金猫原产于西非和中非雨林。它的毛色从栗色到灰色、黑色不等，且通常带有斑点。这只非洲金猫的体形是家猫的两倍大，与它的近亲——狞猫和薮猫——相似。但它有小而圆的耳朵，没有毛簇，尾巴长，脸更圆。

## 云猫 （033页）

**Marbled cat**
拉丁学名：*Pardofelis marmorata*

云猫生活在从喜马拉雅山麓东部到东南亚的森林中。它与亚洲金猫和婆罗洲金猫（Bay cat，拉丁学名：*Catopuma badia*）有着较近的亲缘关系，这三种猫都具有婆罗洲金猫的血统。云猫体形与家猫相似，但它有一条很长的尾巴，有助于它在树上行走时保持平衡。

## 亚洲金猫 （032—033页）

**Asian golden cat**
英文别称：Temminck's cat，Asiatic golden cat
拉丁学名：*Catopuma temminckii*

亚洲金猫具有中等大小的体形和难以捉摸的性格，原产于印度次大陆东北部、东南亚和中国。亚洲金猫有多种颜色——从金棕色到红棕色、棕黄色、黑色。

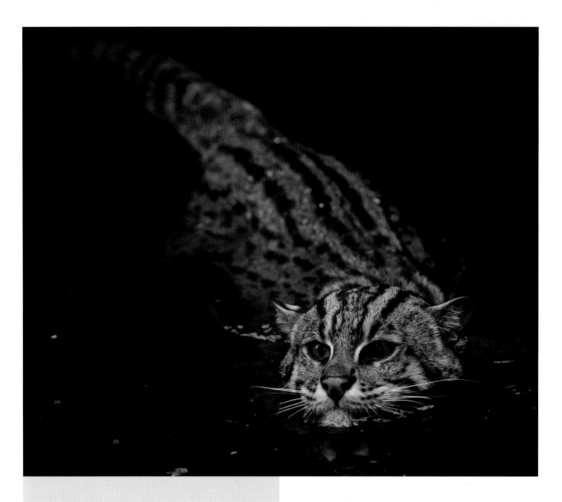

## 渔猫（034页上图）

Fishing cat
拉丁学名：*Prionailurus viverrinus*

顾名思义，渔猫这种野猫主要捕食鱼类。它生活在南亚和东南亚靠近水域的地方，鱼类约占其饮食的四分之三。渔猫的体形大约是家猫的两倍大，渔猫可以游很远的距离，甚至可以在水下游泳。这种野猫是西孟加拉邦的官方动物。

## 巽他豹猫（035页左图）

Sunda leopard cat
拉丁学名：*Prionailurus javanensis*

自 2017 年起，这种南亚和东南亚野猫——巽他豹猫——已被确认为豹猫下的独特物种。巽他豹猫原产于爪哇、巴厘岛、婆罗洲、苏门答腊岛和菲律宾的巽他兰群岛。

## 锈斑豹猫（035页右图）

Rusty-spotted cat
拉丁学名：*Prionailurus rubiginosus*

锈斑豹猫是一种珍稀物种，是亚洲最小的野猫，体重只有 0.9~1.6 千克。顾名思义，锈斑豹猫的背部和两侧是一层红灰色的毛，上面布满了锈斑斑点。人们可以在印度、斯里兰卡和尼泊尔找到它的踪影。

## 豹猫（034页下图）

Leopard cat
拉丁学名：*Prionailurus bengalensis*

不要与豹子混淆，这种小斑点野猫——豹猫——发现于亚洲大陆。虽然体形和家猫差不多，但细长的豹猫有着长长的腿和蹼状的爪子。这种野猫在 20 世纪 70 年代与家猫杂交，后来衍生出孟加拉猫。

# 兔狲（036—037 页）

Pallas's cat，Manul
拉丁学名：*Otocolobus manul*

兔狲以普鲁士动物学家和植物学家彼得·西蒙·帕拉斯的名字命名，大约有家猫那么大。它长而厚的灰色皮毛使它保持温暖体温并伪装在亚洲和中东布满岩石的山地草原和灌木丛中。

## 扁头豹猫（037 页上图）

Flat-headed cat

**拉丁学名：** *Prionailurus planiceps*

扁头豹猫是来自马来半岛、婆罗洲和苏门答腊岛的濒危物种，主要生活在湿地。与同属于豹猫属的渔猫一样，扁头豹猫主要吃鱼。它的眼间距很近，能够看得更远。它的头部有着厚厚的红棕色皮毛，而身体则是深棕色，这使它看起来更有威慑感。

## 非洲野猫（039页）

African wildcat
拉丁学名：*Felis lybica*

非洲野猫是家猫的祖先。据估计，非洲野猫像虎斑猫一样，大约1万年前在近东被驯化。直到2017年，它才被认为是欧洲野猫亚种——*Felis silvestris lybica*。

## 欧洲野猫（038页上图）

European wildcat
拉丁学名：*Felis silvestris*

欧洲野猫属于包含有家猫的猫科动物属，很容易被误认为是大型家猫。它在欧洲、土耳其和高加索的部分地区都曾被发现。

## 亚洲野猫（038页下图）

Asiatic wildcat
英文别称：Asian steppe wildcat，Indian desert cat
拉丁学名：*Felis lybica ornata*

亚洲野猫属于非洲野猫亚种，它的栖息地从中亚一直蔓延到印度东北部。在20世纪40年代以前，它一直是一个独立的种类。

（040—041 页）虽然它们类似于家养的虎斑猫，但这些亚洲野猫确实是野生的。与家猫相比，亚洲野猫的腿更长。

## 黑足猫（042 页上图）

Black-footed cat
拉丁学名：*Felis nigripes*

黑足猫体重在 1.1~2.45 千克，是非洲最小的野猫。它的身体上布满了黑色或棕色的斑点和条纹，只有足底（注：黑足猫的足底是黑色的，而且还有黑色的长毛）才符合其黑足猫的称谓。

## 沙猫（042 页下图）

Sand cat
拉丁学名：*Felis margarita*

这种体形小、适应能力强的沙漠野猫被称为沙猫。它有一层沙色的皮毛，这为它提供了难以置信的伪装，脚趾的长毛形成一个绝缘垫，保护它的爪子免受极端炎热和寒冷的伤害。由于生存环境缺水，沙猫会从猎物身上获取急需的水分。

## 荒漠猫（043 页）

Chinese desert cat
英文别名：Chinese steppe cat，Chinese mountain cat
拉丁学名：*Felis bieti*

这种野猫物种以 19 世纪法国传教士和博物学家费利克斯·比特（Félix Biet）的名字命名，是受保护的野生猫科动物。它是中国西部的特有品种，又叫草猫、中国山猫、漠猫。

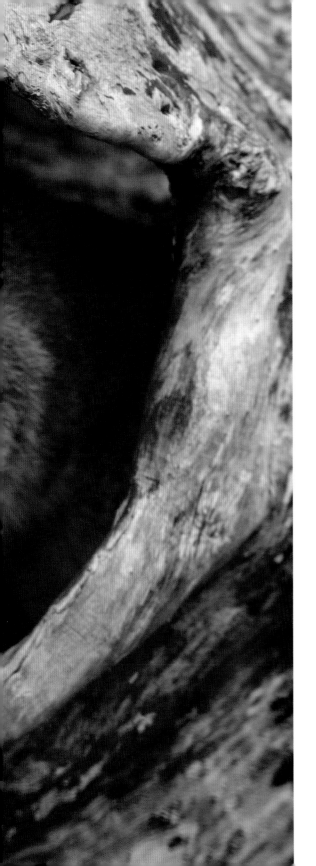

# 丛林猫 （044—045 页）

Jungle cat
**英文别称：** Swamp cat，Reed cat
**拉丁学名：** *Felis chaus*

尽管这个名字表明这种野猫是在丛林中被发现的，但实际上在中东和亚洲的沼泽等植被茂密的湿地中更常见。丛林猫又叫沼泽猫或苇猫，比家猫大，有一层无斑点的被毛，颜色从沙色到红棕色、灰色，并带有深色的毛尖。

## 美洲豹（047 页）

Jaguar
拉丁学名：*Panthera onca*

美洲豹是大型猫科动物豹亚科的一员。它是美洲唯一发现的大型猫科动物，生活在中美洲和南美洲，体重高达 96 千克。美洲豹有一层淡黄色到黄褐色的皮毛，上面布满了玫瑰状的大斑点。然而，有些美洲豹通体黑色，被称为黑美洲豹。

## 雪豹（046 页上图）

Snow leopard
拉丁学名：*Panthera uncia*

雪豹这种美丽而难以捉摸的物种，有着淡绿色或灰色的眼睛和带有异国色彩的皮毛，它们漫游在中亚和南亚的山脉中。雪豹能很好地适应寒冷和经常积雪的岩石地面，也极易沿着陡峭的山坡追捕猎物。虽然它是大型猫科动物豹亚科的一员，但它不能发出吼叫声。

## 云豹（046 页下图）

Clouded leopard
英文别称：Mainland clouded leopard
拉丁学名：*Neofelis nebulosa*

云豹因其独特的云状斑点和条纹而得名，其分布在喜马拉雅山麓，横跨东南亚至中国的华南地区。这种罕见的野猫生活在茂密的森林中，能够在地面和树上捕食。

# 虎（048 页）

Tiger
拉丁学名：*Panthera tigris*

濒危的虎是现存最大的猫科动物。虎独特的条纹有助于它藏身于亚洲部分地区的森林栖息地。虎是独居动物，有自己的领地，它们用自己的气味来标记领地。这种魅力非凡的物种是印度、孟加拉、马来西亚和韩国的国兽。

（049 页）一只雌虎和它的两只幼崽在一起休息。这种独居物种全年交配，每次通常会产下两到三只幼崽。虎幼崽会和母亲待在一起大约两年，然后离开，建立自己的领地。雌性幼崽会靠近母亲的领地，而雄性幼崽则会远离。

# 狮 （050—051 页）

Lion

拉丁学名：*Panthera leo*

一头鬃毛突出的成年雄狮躺在母狮旁边。

这种群居物种原产于非洲和印度，它们大部分时间都在休息，通常在黄昏后变得活跃。豹属成员，如狮和虎，由于喉咙变大，它们会发出吼叫声而不是呼噜声。即使在 8 千米外，也可以听到狮子的吼叫。

狮子是唯一群居的大型猫科动物，它们组成的群落被称为"狮群"。狮群是由少数成年雄性、有血缘关系的雌性和幼崽组成的。狮子们会一起捕食，杀死如角马这样的大型猎物。在生产时，母狮远离狮群，直到它们的幼崽有六到八周大。头碰头摩擦（一种狮子之间的问候方式）和舔是狮群成员中常见的社交行为。

# 短毛猫

### 东方短毛猫（053 页）

**Oriental shorthair**

这只迷人的巧克力棕猫长着一个楔形的长脑袋，杏仁状的眼睛和蝙蝠状的大耳朵。东方短毛猫是在 20 世纪 50 年代通过将暹罗猫与家养短毛猫杂交培育而成的。第一批东方短毛猫有着浓密的深褐色被毛，被称为哈瓦那猫（Havana）。现在，这些稀奇的东方猫有许多不同的颜色和花纹。

无论它们的外形和大小如何，大多数的猫都有短的被毛。说起来，像它们的野生捕食者祖先一样，第一批被驯化的猫就有短被毛。猫咪的短被毛可以使它们更自由地行动，帮助它们成为更有效率的猎手。

从人类第一次驯养猫咪以来，大量品种已经发展成短毛猫。它们通常有多种颜色和明确的花纹，以及它们自己独特的特征和个性。在某些情况下，短毛猫被发展到了极端，就像无毛品种。小猫通常由于自然突变，在出生时会无毛或有很细的绒毛状覆盖层。人类通过选择和精心培育，创造出了新品种，如斯芬克斯。由基因突变引起的其他独特的被毛特征是被毛卷曲或波浪状，如卷毛猫。

并非所有的家养短毛猫都是特定的品种。事实上，95% 的家猫被简单地称为 moggy（猫），它们中的大多数拥有未知或混合的祖先。

一般来说，短毛更容易维护，因为它们需要较少的梳理。不管怎样，每一个品种都是独一无二的。当它们随季节变化而掉毛时，有些品种可能会比其他品种掉得更多。

## 阿比西尼亚猫（054 页）

Abyssinian

这个迷人而聪明的品种也被称为阿比斯（Abys），它自英国驯化而来，取名于阿比西尼亚（即现在的埃塞俄比亚），据说它起源于那里。它每根毛发都有深浅交替的颜色带，称为agouti（鼠灰色）。然而，基因研究发现，这种勾纹皮毛，可能是起源于来自印度东北部沿海地区的猫。

（055 页） 这只原色的阿比西尼亚猫有着深红棕色和黑色的勾纹图案，看起来很狂野，却被称为阿比西尼亚猫的"寻常图案"。事实上，勾纹为许多野猫和其他哺乳动物提供了伪装。包括其他颜色，如蓝色和浅黄色的猫，都带有明显的勾纹。

## 埃及猫 （056—057 页）

### Egyptian mau

这种起源于埃及的天然斑点猫据说是奔跑速度最快的家猫品种。它的斑点出现在毛尖上，它的前额通常标有字母"M"。

# 孟加拉猫 （058—059 页）

**Bengal**

孟加拉猫这种活力与美丽兼备的杂交品种，有着
异国情调的被毛。它由野生亚洲豹猫和埃及猫、
阿比西尼亚猫等短毛家猫杂交而成。孟加拉猫曾
被人们称为小豹猫（Leopardette）。

## 缅甸猫（060页）

Burmese

顾名思义，这种猫起源于缅甸。缅甸猫于20世纪30年代从缅甸抵达美国，随后与暹罗猫繁殖，创造了美洲缅甸猫（American Burmese）。缅甸猫后来被送往英国，在那里该品种获得了更长的头部和身体，拥有独特外观，即所谓的欧洲缅甸猫（European Burmese）。

## 孟买猫（060—061页）

Bombay

这种引人注目的有着黑豹般面容的猫有着独特的黑色胡须、鼻子、嘴唇和皮毛以及金色、铜色的眼睛，这一切都归功于它的紫貂色缅甸猫和黑色美国短毛猫血统。

## 阿拉伯猫（062页）

Arabian mau

阿拉伯猫是原产于阿拉伯半岛的沙漠猫，这是在 21 世纪初培育出来的现代品种，保留了其原始特征和优点。尽管阿拉伯猫非常活跃，保留了狩猎和领地本能，但它也很忠诚，是忠实的家庭伴侣。

## 澳大利亚雾猫（063页）

Australian mist

经过 9 年的发展，澳大利亚雾猫成为澳洲第一种纯种猫，澳大利亚雾猫融合了饲养员最喜欢的猫——缅甸猫、阿比西尼亚和家养短毛猫的特征。它曾被人们称为斑点雾猫（Spotted mist），现在的它兼有斑点和大理石纹皮毛，走动起来斑点伴随着石纹营造出薄雾飘动般的效果。

（064—065 页）由于阿拉伯猫起源于食物稀缺的恶劣栖息地，它几乎可以吃包括动物、水果和昆虫在内的任何东西。人们仍然可以在人类聚居区附近的沙漠地区找到它的自然品种。为避开夏季炎热，它通常在白天睡觉，并在黎明和黄昏时分活跃起来。

## 亚洲猫 (066页上图)
### Asian

亚洲猫又被称为马来猫，性格友好的亚洲猫是在英国选育出来的。亚洲猫有四种不同的品种：亚洲单色猫(Asian Self)、亚洲虎斑猫( Asian tabby )、亚洲烟色猫（Asian smoke）和波米拉猫（Burmilla，又名 Asian Shaded——亚洲渐变色猫）。

这只熟睡的亚洲猫看起来像是有小胡子。

## 波米拉猫 (066页下图)
### Burmilla

波米拉猫从缅甸猫和毛丝鼠色波斯猫两种猫身上获得了它俏皮的外观和随和的性情。在1981年的一次意外交配后，波米拉猫在英国出生。一些猫咪注册机构认为波米拉猫是亚洲猫组的一部分。

## 美国硬毛猫 (067页)
### American wirehair

美国硬毛猫于1966年起源于纽约犹地加农场，以其罕见的有弹性的硬毛而命名。这种毛尖弯曲或扭曲的硬毛是由基因突变引起的。美国硬毛猫是从美国短毛猫发展而来的。

## 巴比诺猫（068 页上图）

Bambino

作为无毛斯芬克斯猫和短腿曼切堪猫的杂交品种，这些长相不寻常的猫的名字来源于意大利语中的"婴儿"一词。尽管它们看起来是赤裸裸的，但它们通常都覆盖着极细的毛发。这个实验品种培育于 2005 年。

## 曼切堪猫（短毛型）

（068 页中图和下图，长毛型见 142 页）

Munchkin

这种奇特的品种英文别名又叫 Sausage（腊肠猫），它的腿大约是其他猫平均长度的一半。尽管因自然基因突变腿很短，但曼切堪猫可以用后腿奔跑和坐着。它的名字来源于儿童小说《绿野仙踪》中虚构的地方"芒奇金国"（Munchkin Country）。

# 斯芬克斯猫（069页）

Sphynx

这只看起来完全没有毛的猫，其实在它皱巴巴的身体上有一层薄薄的绒毛，但它确实没有胡须。斯芬克斯猫以埃及神话中的人物雕像命名，起源于加拿大，也被称为加拿大斯芬克斯。

## 顿斯科伊猫（070—071 页）

**Donskoy**

这只长着大耳朵和杏仁状眼睛的皱纹无毛猫也被称为顿河斯芬克斯猫（Don sphynx）和俄罗斯无毛猫（Russian hairless），它起源于 20 世纪 80 年代的俄罗斯。顿斯科伊猫是在顿河河畔罗斯托夫街头发现的一只被救援的小猫的后代。虽然一些顿斯科伊猫确实是无毛的，但有些猫的皮毛部分也会有绒毛或卷毛。

### 美国卷耳猫（短毛型）

（073页上图，长毛型见127页）

American curl

这种被选育的名牌猫有着大眼睛和不同寻常的耳朵。它的祖先是一只名叫 Shulamith 的黑色雌性流浪猫，最初是长毛猫，1981 年在加利福尼亚州被发现。它卷曲的耳朵是自然基因突变的结果。

### 阿芙罗狄蒂巨型猫（短毛型）

（073页下图，长毛型见166页）

Aphrodite giant

这种大型猫是从塞浦路斯岛上的驯养猫发展成的标准化品种，也叫阿芙罗狄蒂猫（Aphrodite）。人们相信这种肌肉发达、腿长、皮毛厚的猫曾经生活在寒冷的高山上。

### 美国短毛猫（072—073页）

American shorthair

这种北美流行品种的前身是家养短毛猫，据信是 17 世纪早期朝圣者从欧洲带到美国的第一批家养猫的后代。

## 巴西短毛猫（074页）

### Brazilian shorthair

正如它的名字所示，这种迷人的有着一双会说话的眼睛的短毛猫是巴西的第一个官方品种。巴西短毛猫是于公元 1500 年左右由葡萄牙人带来的野猫选育而来的。

## 夏特尔猫（075页）

### Chartreux

来自法国的文静的夏特尔猫有着迷人又浓厚的蓝灰色被毛，它们通常看来就像在"微笑"一样。尽管没有任何记录，但传说这些猫最初是由查特酒的酿造者加尔都西会的修道士带到法国的。

SHORTHAIR
CATS

# 英国短毛猫 （076—077 页）

British shorthair

这种有着橙色眼睛的蓝灰色猫，也被称为英国蓝猫，是最古老的猫科动物之一。它们有许多不同的颜色和花纹，最初是由罗马人引进的英国家猫与当地野猫杂交而成的。

# 非洲狮子猫

（078 页）

Chausie

这个品种是人们在 20 世纪 90 年代通过将家养短毛猫和野生的丛林猫杂交而产生的，它的名字也是由此而来。身型纤细的非洲狮子猫拥有三种被毛颜色和花纹：黑色、黑色灰斑虎斑和棕色或棕色斑纹虎斑。

## 塞浦路斯猫（短毛型）

（079页上图，长毛型见140页）

### Cats in Cyprus

随着时间的推移，这些猫在塞浦路斯岛上被驯化。它们的英文别名也叫Cyprus，Cypriot cats，Saint Helen cats，Saint Nicholas cats。阿芙罗狄蒂猫就是塞浦路斯猫被人们选育发展成的标准化品种。

## 重点色英短猫（079页下图）

### Colourpoint British shorthair

这种身体健壮结实的品种在1991年被认可，它与暹罗猫有着相似的皮毛图案，由于它的名字，经常被人们与重点色短毛猫（colourpoint shorthair）混淆。它有蓝色的眼睛、典型的大圆脑袋和短短的鼻子。

## 狸花猫（080—081 页）

**Dragon li**

这只身披棕色鲭鱼斑纹被毛、拥有黄眼睛的大猫来自中国，名为中国狸花猫。它们是由中国驯养的家猫进化而来的，狸花猫的意思是"狐狸花纹的猫"。

## 欧洲短毛猫（081 页）

**European shorthair**

类似于欧洲最初的家猫，这种文静又友好的品种是在瑞典培育的。欧洲短毛猫可以在室内和室外饲养，并且可以清除室内外的啮齿动物。

### 柯尼斯卷毛猫（082 页）

Cornish rex

这种因基因突变而拥有卷曲被毛的猫，只有一层非常细的称为绒毛或底毛的皮毛。它们不能忍受寒冷，需要被饲养在室内。

### 德文卷毛猫（083 页）

Devon rex

与柯尼斯卷毛猫相似，这种猫由于基因突变而有着短短的卷曲的被毛和胡须。德文卷毛猫与它的柯尼斯卷毛猫表亲不同，它还有一层外层护毛。

## 德国卷毛猫（084—085 页）

### German rex

和柯尼斯卷毛猫身上发现的基因突变相同，这种来自德国的具有温顺性格的品种也拥有短而卷曲的被毛和胡须。尽管毛很短，但德国卷毛猫仍然需要定期梳理和洗澡。

## 高地卷耳猫（短毛型）

（085 页，长毛型见 134 页）

### Highlander

这只重达 11 千克的重量级猫是沙漠猞猁（The desert lynx，或叫狞猫）和丛林卷毛猫（The jungle curl）两种实验家猫的杂交品种。罕见的高地卷耳猫以其卷曲的耳朵、虎斑斑纹和短尾巴而闻名。

## 日本短尾猫（086 页上图）
### Japanese bobtail

顾名思义，这种来自日本的天性忠诚的猫有一条非常短的卷曲尾巴。它常出现在日本民间传统传说和艺术中，据说可以带来好运。

## 湄公短尾猫（086 页下图）
### Mekong bobtail

以前被称为泰国短尾猫（Thai bobtail），这个短尾的品种现在以东亚和东南亚的湄公河命名。虽然它是在东南亚被人类自然地发现，但该品种是在俄罗斯发展起来的。传说湄公短尾猫是皇家猫，是古代寺庙的守护者，曾在 19 世纪被赠送给俄罗斯沙皇尼古拉斯二世。

## 狼猫（087 页）
### Lykoi

这种猫外形像狼，体形纤细，皮毛呈黑色和灰色，英文别名又称 Werewolf cat 或 Wolf cat。事实上，狼猫的名字来源于希腊语中的 wolves（狼）。它们可以看起来完全像负鼠一样被毛发覆盖，也可以部分无毛。它们的外观是家养短毛猫自然突变的结果。

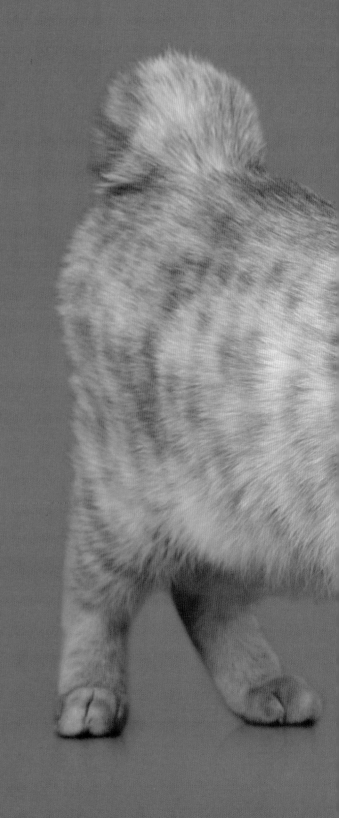

## 千岛短尾猫（短毛型）

（088—089 页，长毛型见 135 页）

**Kurilian bobtail**

这种短尾品种以北太平洋的千岛群岛命名，在俄罗斯和日本以外很少见。它独特的短而扭结的尾巴是一种自然突变，长度有两到十块椎骨不等，形状也都不一样。

## 泰国御猫（090 页）

### Khao manee

这种稀有品种的名字 manee 在其祖国泰国的意思是
"白色宝石"。泰国御猫也被称为钻石眼猫，以其美
丽而多样的眼睛而闻名，它的眼睛甚至可以有各种各
样的颜色。泰国御猫以前只由泰国皇室饲养。

SHORTH

### 科拉特猫（091 页）

Korat

这种来自泰国的古老猫科动物有着被认为会带来好运的银蓝色
被毛。科拉特猫以其独特的心形头部和绿色的大眼睛而闻名。
事实上，随着幼猫的成熟，它的眼睛会逐渐从琥珀色变为绿色。
它是最古老的品种之一，其历史可以追溯到 12 世纪。

## 现代暹罗猫（092 页上图）
### Modern Siamese

现代风格的暹罗猫是泰国本土暹罗猫的后代。当传统暹罗猫（现在称泰国猫或月亮钻石——Wichien maat）在美国和欧洲非常流行时，它的特点被发挥到了极致。如今的现代暹罗猫身体非常苗条，外表也更棱角分明。

## 蓝重点色泰国猫（092 页下图）
### Thai blue point

不要将它和泰国猫或暹罗猫混淆，蓝重点色泰国猫的血统来自泰国的科拉特猫。不管怎样，GCCF（一家纯种猫注册协会）单独承认了这个品种。它没有蓝色被毛，而是有在暹罗猫身上常见的重点色纹路。

## 雪鞋猫（093 页）
Snowshoe

雪鞋猫以其独特的白色爪子而命名。费城的一只暹罗猫在 20 世纪 60 年代所生的小猫是首次出现的雪鞋猫品种。该品种是通过暹罗猫和美国短毛猫杂交培育而成的。

## 月亮钻石（094 页）

Wichien maat

这个新改名的品种也被称为泰国猫，是生活在泰国的暹罗猫的后代。优雅的泰国猫是脸圆和体形厚实的原始暹罗猫。以前它被称为传统暹罗猫，现在在泰国被称为 wichien maat，意为"月亮钻石"。

## 玩具虎猫（095 页）

Toyger

这种看起来像野猫的品种是在 20 世纪 90 年代培育的，它就像一只玩具老虎，因此也提高了公众保护老虎的意识。为了得到虎纹被毛，繁育者将一只条纹短毛猫与一只孟加拉猫杂交。除了拥有与老虎相似的被毛外，玩具虎猫行走时也像一只老虎一样优雅自信。

### 欧斯亚史烈斯猫（096页上图）

Ojos azules

1984 年在新墨西哥州的街道上人们发现了这种非常稀有的猫，其因充满活力的蓝眼睛而被以西班牙语命名（ Ojos azules 在西班牙语中是 "蓝色眼睛" 的意思 ）。它们有很多种被毛长度、颜色或花纹，但至少有一只深蓝色的眼睛。因为该品种存在例如颅骨畸形等健康问题，所以目前现存的欧斯亚史烈斯猫很少。

### 马恩岛猫（097页）

Manx

关于马恩岛上的短尾或无尾猫（即马恩岛猫）有很多传说。据说西班牙无敌舰队遭遇海难后，一只没有尾巴的猫游到了岛上，或者说这只猫是在挪亚方舟上失去了尾巴，甚至有人说它是猫和兔子的杂交产物。

### 拉邦猫（096页下图）

LaPerm

这种有着卷曲长胡须的低过敏性品种以其羊毛似的波浪状卷曲被毛命名。由于自然基因突变，它于 20 世纪 80 年代首次出现在美国的一个农场。拉邦猫有长毛和短毛两种，它的被毛富有弹性，有很多种不同的颜色和花纹。

## 短毛家猫（098—099 页）

Moggy

任何不属于特定品种的杂种猫或未知血统的短毛家猫都被称为 moggy 或 moggie。这只虎斑短毛猫的额头上有一个独特的 M 形标记。

SHORTHAIR CATS

## 欧西猫（100—101 页）

Ocicat

虽然与虎猫很相似，但这种斑点猫如今是暹罗猫、阿比西尼亚猫和美国短毛猫的杂交品种。欧西猫通常被称为"狗狗附身的小猫咪"，因为它们很容易被驯化。

## 彼得秃猫（100 页）

Peterbald

这种优雅的俄罗斯品种是东方短毛猫和顿斯科伊猫杂交选育而成，它可能天生无毛，或者有非常精细的底毛，抑或有浓密、坚硬的被毛。然而，那些有被毛的猫可能会随着时间的推移而失去它。因为彼得秃猫的皮肤像其他无毛品种一样对寒冷和阳光很敏感，所以最好在室内喂养。

## 双色东方猫（102—103页）
Oriental bicolour

苗条的双色东方短毛猫的口鼻部、身体下侧和四肢总是被白色覆盖。它最初是在美国培育的。它的皮毛有多种颜色和花纹，但其身体的三分之一必须是白色才能被视为双色东方猫。与纯色东方猫通常为绿眼睛不同，它杏仁状的眼睛可以是绿色、蓝色或一绿一蓝。

## 热带草原猫（102页上图）

Savannah

这只斑点猫有大耳朵和长长的腿，使其看起来很像薮猫。薮猫作为非洲本土的野猫，具有众所周知的非凡跳跃力。准确地说，热带草原猫是薮猫和暹罗猫的杂交产物。

## 卡纳尼猫（102页下图）

Kanaani

这只斑点猫有着细长的身体和大簇绒的耳朵，是短毛猫和小型非洲野猫的杂交品种。卡纳尼猫于 21 世纪在以色列被选育出来，其名称来自《圣经》中的"迦南（Canaan）"。

## 俄罗斯白猫
（104 页上图）

**Russian white**

顾名思义，这个品种有一身全白的皮毛。1971 年，在澳大利亚的一项特定育种计划中，通过西伯利亚的短毛猫和俄罗斯蓝猫杂交培育而成。

## 俄罗斯虎斑猫（104 页下图）

**Russian tabby**

1971 年，为了培育俄罗斯白猫，杂交产生了白色、黑色和虎斑纹的小猫。俄罗斯虎斑猫也起源于澳大利亚，因其皮毛的虎斑图案而得名。

## 小精灵短尾猫（104—105页）

Pixiebob

类似于北美洲的本地短尾猫，这种彻底被驯服的大型猫科动物有一身浓密的棕色虎斑斑点被毛、长着簇状绒毛的耳朵和一条短短的尾巴。小精灵短尾猫的爪子上通常有多指——被称为畸形的额外脚趾，多指仅在该品种的标准中可以接受。

# 苏格兰折耳猫（短毛型）

（106—107 页，长毛型见 153 页）

Scottish fold

20 世纪 60 年代，人们在苏格兰农场首次发现这种不同寻常的折耳品种，它也因此而得名。苏格兰折耳猫出生时耳朵是立着的，通常在三周内开始折耳。那些耳朵不发生折叠的猫被称为苏格兰立耳猫（Scottish straights）。

## 俄罗斯蓝猫（108—109 页）

Russian blue

俄罗斯蓝猫有着醒目的绿色眼睛，闪亮、浓密的被毛呈现出不同深浅的银蓝色。它被认为起源于俄罗斯的阿尔汉格尔港口，并在 19 世纪 60 年代由水手带到北欧。

## 塞伦盖蒂猫（110页上图）

Serengeti

塞伦盖蒂是一种具有异国情调的猫，神似非洲野生薮猫，以其大大的耳朵、长长的腿和脖子而引人注目。在 20 世纪 90 年代中期，塞伦盖蒂猫由孟加拉猫和东方短毛猫杂交而成。它喜欢攀爬到高处，充满了野性气息。

## 塞舌尔猫（110页下图）

Seychellois

塞舌尔猫在东非群岛的塞舌尔岛上被发现，并以此命名。这种声音洪亮且稀有的品种是 20 世纪 80 年代在英国培育的。然而塞舌尔猫没有在任何地方得到认可，它的外观来自它所拥有的暹罗猫、玳瑁波斯猫和东方猫血统。

## 塞拉德小猫（110—111页）

### Serrade petit

这种被人们在法国新发现的猫体形名副其实的娇小，不过它的叫声很大，同时也享受主人的陪伴和娱乐。成年塞拉德小猫重达 4 千克。目前塞拉德小猫尚未被任何猫咪注册机构认可为单独的品种。

# 塞尔凯克卷毛猫（短毛型）

（112—113 页，长毛型见 156 页）

**Selkirk rex**

与其他卷毛猫品种不同，可爱的塞尔凯克卷毛猫拥有柔软、华丽的皮毛，以及不规则的波浪状卷毛，但它的脖子和腹部通常有更多的卷毛。另外它卷曲的胡须也很容易折断。塞尔凯克卷毛猫最早发现于 1987 年的美国蒙大拿州，以塞尔凯克山脉命名。

## 新加坡猫（114—115页）

Singapura

新加坡猫有着独特的被毛、大大的眼睛和耳朵。喜爱恶作剧的新加坡猫是最小的猫品种，平均体重只有 2~4 千克。新加坡猫的名字来源于新加坡，据说被发现于 20 世纪 70 年代。

## 乌克兰勒夫科伊猫 （116页）

**Ukrainian levkoy**

这种猫的耳朵向内折叠，几乎没有毛。它是在乌克兰利用特殊的苏格兰折耳猫和无毛的顿斯科伊猫杂交进化而来的，后来又与东方短毛猫和家猫杂交。乌克兰勒夫科伊猫仅在乌克兰和俄罗斯的猫咪爱好者及育种组织中被认可为一个独立品种。

## 肯尼亚猫 （117页）

**Sokoke**

肯尼亚猫曾被称为非洲短毛猫（African shorthair），这个稀有品种拥有勾纹虎斑花纹和长长的四肢，原产于肯尼亚的阿拉布科索科克国家森林（Arabuko Sokoke National Forest）。肯尼亚猫或肯尼亚森林猫是由名为 khadzonzo 的野猫进化而来的。

### 苏帕拉克猫（118—119页）

Suphalak

苏帕拉克猫经常与紫貂色缅甸猫混淆，这个来自泰国的品种有金色的眼睛和通体红棕铜色的皮毛，就连它的胡须都是棕色的，而它的鼻子则是玫瑰色的。苏帕拉克猫与科拉特猫、暹罗猫一起出现在一本名为《猫之诗》（*The Cat Book Poems*）的书中，因此被认为其起源可以追溯到泰国的大城王朝时期（1351–1767年）。

## 东奇尼猫（120—121页）

**Tonkinese**

东奇尼猫的性格十分友好，还有一些
淘气，是缅甸猫和暹罗猫的杂交品种。
虽然东奇尼猫似乎是以越南北部地区
东奇尼的名称命名的，但该品种其实
与该地区没有任何联系。

# 长毛猫

LONGHAIR CATS

　　猫也以其柔软、奢华的长被毛而闻名。据研究记载，家猫的长毛最长可达 12 厘米，这是由自然基因突变引起的。这种猫最初出现在较寒冷的、偏僻的地区，它们毛茸茸的被毛非常适合应对恶劣的生存环境。

　　16 世纪后期，长毛猫从小亚细亚、波斯和俄罗斯进口到英国和法国。准确地说，迷人的土耳其安哥拉猫被人们认为是最初的长毛猫——尽管不是我们如今所知道的那样。土耳其安哥拉猫非常受欢迎，直到 19 世纪，人们开始更喜欢波斯猫。尽管波斯猫仍然是最受欢迎的品种之一，但其他长毛猫，如底毛不那么蓬松的半长毛猫正变得越来越受欢迎。像短毛猫一样，祖先未知的家猫也可以有长毛，并且通常具有源自波斯猫的特征。更重要的是，通过将短毛品种与长毛品种杂交，已经培育出具有独特的耳朵或卷曲被毛的稀有长毛品种。

　　与短毛猫不同，拥有精美长毛的猫需要主人进行更多的养护，有些猫甚至需要每天梳一次毛以防止毛发暗沉和打结。长被毛通常伴随着掉毛，尤其是在温暖的季节，主人得准备好在沙发和地毯各处发现猫咪的毛。长毛猫的皮毛还会从户外吸附更多的污垢和碎屑，包括树叶、树枝，甚至蛞蝓！

### 缅因猫（123—125页）

**Maine coon**

原产于北美，身型壮硕的大型缅因猫因它首次出现于新英格兰地区的缅因州而得名。它究竟是如何到达那里的仍然是一个谜，但据说它与挪威森林猫和西伯利亚猫关系密切。缅因猫独特的厚厚的防水被毛、浓密的长被毛尾巴和有着簇绒毛的耳朵使其能够度过严冬。

北美本土的缅因猫是体形最大的长毛猫之一，绰号"温柔的巨人"。

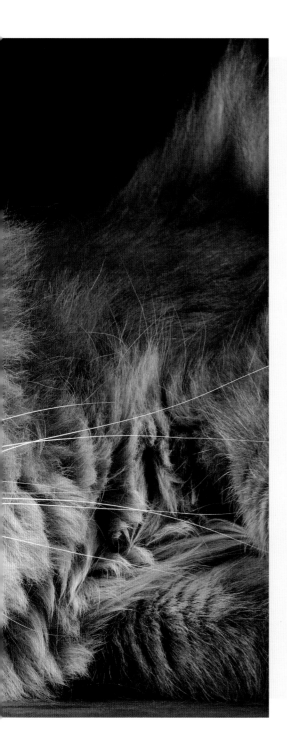

## 美国卷耳猫（长毛型）

（126—127 页，短毛型见 073 页）

American curl

这种极具吸引力的稀有品种起源于加利福尼亚，是一种长毛的流浪猫，有着黑色的被毛和不同寻常的卷曲耳朵。顾名思义，由于自然突变，美国卷耳猫的耳朵至少向后卷曲了 90 度。美国卷耳猫重情又兼备警觉的个性使其可以成为很好的家庭伴侣。

**东方长毛猫**（128页）

Oriental longhair

以前称为英国安哥拉猫（British Angora），该品种于 2002 年更名，以避免与土耳其安哥拉猫混淆。20 世纪 70 年代，为了重现维多利亚时代深受人们喜爱的安哥拉猫，东方长毛猫被选育，它有着丝绸质地般的长被毛。

## 伯曼猫（129页）

Birman

这种引人注目的重点色品种也被称为"缅甸圣猫"，它的名字来源于法语 Birmanie，意思是"缅甸"。它以其长而柔滑的被毛、宝蓝色的眼睛、鹰钩鼻和白色的爪子而闻名。

像所有重点色猫品种一样，伯曼猫生来是白色的，它们会在一到两周或更长时间后逐渐开始形成色点，然后在它们两岁时呈现出最终的被毛颜色。重点色受温度调节：在较冷的区域比在温暖的区域偏暗。

LONGHAIR CATS

## 巴厘猫（130—131页）

**Balinese**

这种长毛的暹罗猫拥有柔滑的皮毛和迷人的蓝宝石色的眼睛，它性格非常友好，极具好奇心且十分淘气。巴厘猫在 20 世纪 50 年代被发展成为一个单独品种，以优雅的巴厘岛舞者命名。

## 威尔士猫（132页）
### Cymric

威尔士猫也被称为长毛马恩岛猫（Longhair Manx），这个深情而聪明的品种是无尾马恩岛猫的长毛版本。虽然马恩岛猫原产于马恩岛，但威尔士猫是后来在加拿大被培育的。"威尔士"的威尔士语是 Cymru，威尔士猫便以此得名。

与马恩岛猫相似，威尔士猫根据其尾巴长度的不同分为几个类型：完全没有尾巴的 rumpy，只有短短的尾椎突起的 rumpyriser，尾巴弯曲或扭结的 stumpy，以及尾巴接近正常长度的 longy。

### 英国长毛猫（133页）

**British longhair**

顾名思义，这只长毛猫起源于英国。除了它的长毛外，它与它的表亲英国短毛猫有着相同的特征。事实上，一些注册机构并不认为英国长毛猫是一个单独的品种。英国长毛猫在欧洲的某些地区被称为不列颠猫，在美国被称为低地猫。

LONGHAIR

## 高地卷耳猫（长毛型）

（134 页，短毛型见 085 页）

**Highlander**

虽然它的虎斑纹长被毛类似于野生短尾猫，但这种猫完全是家养的宠物猫。高地卷耳猫有卷曲的耳朵、短而卷曲的尾巴和独特的面部特征，例如：倾斜的前额、呈钝形的口鼻部和带有长胡须的突出的胡须垫。

## 千岛短尾猫（长毛型）

（135 页，短毛型见 088 页）

**Kurilian bobtail**

顾名思义，这种短尾品种原产于北太平洋的千岛群岛。千岛短尾猫很少见，它们的尾巴长度有两到十块椎骨不等，且可以向任何方向卷曲，所以千岛短尾猫们的尾巴几乎是完全不一样的。

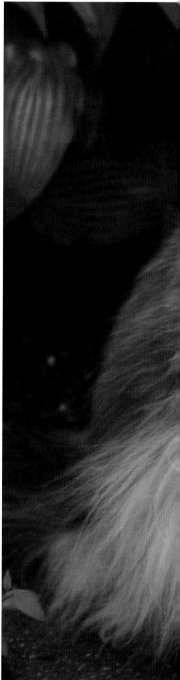

## 喜玛拉雅猫（136—137页）

Himalayan

这只有着蓝眼睛的喜马拉雅猫也被称为喜马拉雅波斯猫（Himalayan Persian）和重点色波斯猫（Colourpoint Persian），是暹罗猫和长毛波斯猫的杂交品种。喜马拉雅猫有粗壮的、圆滚滚的身体，长而浓密的被毛和短腿。

## 查达利 - 蒂法尼猫

（138—139 页上图）

**Chantilly-Tiffany**

查达利 - 蒂法尼猫也被称为外国
长毛猫（Foreign longhair）和查
达利猫（Chantilly），它有一身巧
克力棕色的长被毛。这个极具吸引
力的品种起源于 20 世纪 60 年代
后期的纽约。查达利 - 蒂法尼猫
曾被人们错误地认为是长毛的缅甸
猫。它们可以有很多种毛色，包括
黑色和虎斑图案。

## 蒂凡尼猫（139 页下图）

**Tiffanie**

蒂凡尼猫经常与美国查达利 - 蒂法尼猫混淆，这个可爱的品种也被称为亚洲半长毛猫（Asian semi-longhair），
是 20 世纪 80 年代在英国培育出的亚洲短毛猫的长毛版本。事实上，蒂凡尼猫是亚洲猫组中波米拉猫实验性繁殖
计划的一个意外结果。

## 塞浦路斯猫（长毛型）

（140—141 页，短毛型见 079 页）

**Cyprus cats**

几个世纪以来，塞浦路斯岛上的猫基本上是内部繁殖。这使它们能够发展成为一种独特的本地猫品种，阿芙罗狄蒂猫就是塞浦路斯猫被人们选育发展成的标准化品种。

# 曼切堪猫（长毛型）

（142—143 页，短毛型见 068 页）

**Munchkin**

这种善于交际的短腿猫活泼好动，喜欢玩玩具。尽管它的跳跃能力受到随机突变造成的短腿的限制，但曼切堪猫仍然可以攀爬和奔跑。

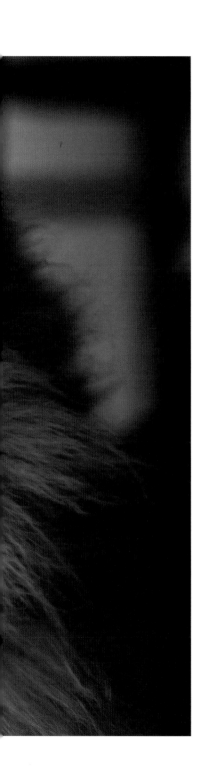

### 小步舞曲猫 <sub></sub>（144—145 页）

Minuet

这种迷人的短腿猫以前被称为拿破仑猫（Napolean），是毛茸茸的波斯猫和短腿曼切堪猫的杂交品种。从这两个品种中汲取精华，小步舞曲猫既温和又活泼，喜欢与主人共度时光。

## 内华达猫（146—147页）

Nebelung

内华达猫也被称为长毛俄罗斯蓝猫（Longhaired Russian blue），这种稀有的长毛猫品种有着柔软的蓝银色被毛。它是在科罗拉多州被培育出来的。内华达猫的名字来源于德语 Nebel，意思是"阴霾"或"薄雾"，用来形容它闪亮的长被毛。这是一种非常可爱的猫咪，喜欢坐在主人膝盖上，经常露出肚皮来接受主人的爱。

## 挪威森林猫（148—149页）

Norwegian forest cat

这个天然品种在挪威和瑞典非常受欢迎，其长而厚的防水被毛使其非常适合生活在严酷的斯堪的纳维亚冬季。它的祖先被认为是由维京人用来在船上防治害虫而带来的。肌肉发达的挪威森林猫在挪威被称为 skogkatt，即"了不起的登山者、猎人"。挪威森林猫是挪威的国猫。

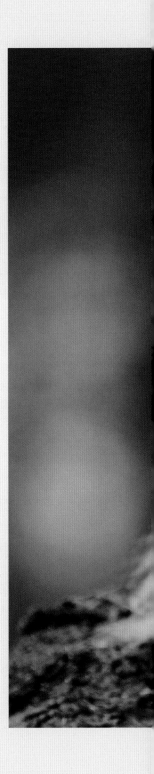

LONGHAIR
CATS

## 涅瓦假面舞会猫（150—151页）

Neva masquerade

这种威风凛凛的有着非常浓密的长被毛的猫是西伯利亚猫的重点色品种。涅瓦假面舞会猫以俄罗斯圣彼得堡的涅瓦河命名。涅瓦假面舞会猫很少见，一些猫咪注册机构不认为它与西伯利亚猫是不同的品种。

## 苏格兰折耳猫（长毛型）

（153 页，短毛型见 106 页）

### Scottish fold

这种长毛猫的耳朵像猫头鹰的耳朵一样小，它有很多名字：苏格兰折耳猫、高地折耳猫（Highland fold）、苏格兰折耳长毛猫（Scottish fold longhair）、长毛折耳猫（Longhair fold）和 coupari（意为"折耳猫"）。苏格兰折耳猫是人类很好的伙伴，人们经常可以看到它们仰面打盹、双腿伸直坐着、爪子放在肚子上的可爱行为。

## 波斯猫（152 页）

### Persian

这个来自波斯或伊朗的现代品种，有着独特的大圆眼睛、扁平的口鼻部和浓密的长被毛，自 19 世纪以来一直深受人们的喜爱。波斯猫以温柔和深情著称，它们可以有任何颜色或花纹的被毛。与暹罗猫类似，人们努力保留其较为原始的类型，即有明显鼻吻端的传统波斯猫。

CATS

LONGHAIR

## 褴褛猫（154—155页）

### Ragamuffifin

这种大型猫曾经是布偶猫（Ragdoll）的一个变种，在1994年才发展成为一个单独的品种。褴褛猫以其浓密、丝滑，如兔子般的被毛和友好而温顺的个性而闻名。小猫通常天生是白色的，随着它们的成长逐渐形成自己特有的颜色和花纹。

# 塞尔凯克卷毛猫（长毛型）

（156—157 页，短毛型见 112 页）

**Selkirk rex**

以塞尔凯克山脉命名，这个可爱的卷毛品种很受关注。塞尔凯克卷毛猫最初是在蒙大拿州的美国动物救助中心被发现，后来与波斯猫一起繁殖，从而获得了长而松散的卷被毛。

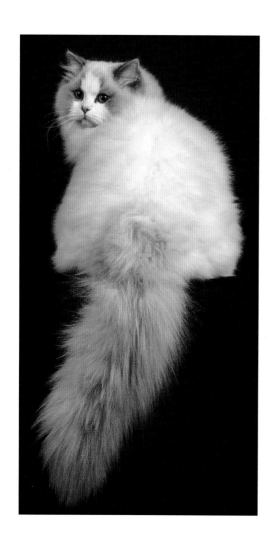

## 布偶猫（158—159页）

Ragdoll

布偶猫美丽、亲近人，是最大的猫咪品种之一。它有蓝色的大眼睛，柔软厚实的被毛和长而浓密的尾巴。据说布偶得名于第一窝小猫在被捡起时像布娃娃一样绵软。

# 土耳其梵猫（160—161页）

Turkish Van

这种大型猫以土耳其东部的梵湖地区命名，具有柔软的羊绒状被毛，最早是于20世纪50年代在英国发展起来的。土耳其梵猫有一身白色的被毛，仅在头部和尾部有鲜明的颜色标记，被称为"梵图案"。通体白色且没有标记的土耳其梵猫被称为"土耳其梵科迪斯猫（Turkish Vankedisi）"。

LONGHAIR
CATS

## 西伯利亚森林猫

（162—163 页）

### Siberian forest cat

这个品种也被称为西伯利亚猫，它有厚实的防水被毛、浓密的尾巴和带簇绒毛的爪垫，是俄罗斯的国猫。与挪威森林猫相似，肌肉强壮且发达的西伯利亚猫非常适应恶劣的天气。它也有非常强的跳跃能力。

## 约克巧克力猫（165 页）

York chocolate

这个品种的猫以其祖先的深巧克力棕色被毛和纽约州命名，于 1983 年被培育。约克巧克力猫（也叫约克猫，York）是很好的伴侣宠物，它喜欢被拥抱。它们有巧克力色、淡紫色、巧克力色和白色、淡紫色和白色的被毛。

## 索马里猫（164 页）

Somali

它的尾巴长而被毛浓密，是短毛阿比西尼亚猫的后代。阿比西尼亚猫有时会产下长毛的幼猫。起初，这些猫被饲养员拒绝饲养，直到其他人发现它们很有吸引力，从而产生了索马里猫。索马里猫毛茸茸的带有纹路的被毛非常柔软，它们的每根毛都有 4~20 种不同的颜色。

# 阿芙罗狄蒂巨型猫（长毛型）

（166—167 页，短毛型见 073 页）

Aphrodite giant

阿芙罗狄蒂巨型猫（也叫阿芙罗狄蒂猫，Aphrodite）
是一种大型猫，是塞浦路斯猫被人们选育发展成的标准
化品种。关于这种猫最早的记录可以追溯到公元 4 年，
描述了圣赫勒拿岛如何将两船猫从埃及或巴勒斯坦运送
到一个到处有蛇出没的塞浦路斯修道院。

# 长毛家猫（166 页下图）

Moggy

不属于特定品种的长毛家猫被称为 moggy 或 moggie。这
些猫可能是杂交的产物或拥有未知的祖先。这只长毛猫
有一身平纹被毛，其特点是额头上的 M 形标记。

## 混合品种猫（167 页上图）

### Mixed breed

这种橙色的混血猫有很多名字：猫、家猫、小猫。事实上，这些混种猫根本不被人们认为是一个特定品种，但仍然很有吸引力。

# 土耳其安哥拉猫 （167页下图，168—169页）

**Turkish Angora**

这种稀有的、毛茸茸的雪白色猫咪原产于土耳其安哥拉地区，其记录最早可追溯到 16 世纪左右，是欧洲最早的长毛猫之一。土耳其安哥拉猫被用来培育波斯猫，直到 20 世纪 60 年代才作为一个品种在土耳其以外出现。作为最华丽的长毛猫之一，土耳其安哥拉猫虽然以其闪闪发光的白色被毛和毛发浓密的尾巴而闻名，但它其实有多种颜色和花纹。

# 猫的行为举止

（171 页）猫大部分时间都在睡觉——平均每天睡 15 小时，小猫和老猫的睡眠时间更长。这些时间通常是快速浅睡，或称"猫小睡"，它可以让猫立即开始行动并做一些事情，比如狩猎。

　　猫的行为通常与它们的野生祖先十分相似，这显示出它们天生的捕食者的能力。尽管猫在白天和晚上都很活跃，但由于它们独特的生理结构和感官非常适合在弱光下狩猎，所以它们往往在晚上更加活跃。为了节省能量来跟踪和扑向猎物，猫大部分时间都在睡觉。它们也花很多时间梳理毛发，但也会短暂地玩耍，模仿狩猎或打斗的行为。

　　从本质上讲，猫是孤独的捕食者，但家猫可以与人、其他猫和动物（如狗）建立密切的联系，尤其是当它们作为小猫被社会化的时候。为了表达爱意，猫会互相舔或蹭脸颊，包括对主人。事实上，猫的脸颊、爪子和侧面都有气味腺体，它们会摩擦某些东西以在上面留下自己的气味。此外，它们使用尿液或便便来标记它们的领地或为其他猫留下性信息。

　　如果猫感觉受到他人的威胁，它们通常会为保卫它们认为属于自己的领土而战。猫的其他交流方式是通过发声——从咕噜声和喵喵叫到颤音、嘶嘶声、吼叫声、龇牙低吼声和咕哝声——以及用耳朵、尾巴、胡须和眼睛发出身体信号。

（172 页） 在黑暗中，猫的视力是我们人类的 6~8 倍，这要归功于它们眼睛中的许多光感受器（称为视杆）和眼睛后部的镜状结构（称为绒毡层）。绒毡层可以反射任何穿过眼睛的未被捕捉到的光，这就是猫的眼睛在夜间发光的原因。

CAT BEHAVIOUR

（174—175 页）猫更适应在弱光下看东西，在这种情况下通常也更活跃，并且它们也能分辨出颜色。它们可以区分蓝色和黄色，而红色和绿色在猫的眼里可能看起来像灰色，因此红、绿色物体会令它们感到困惑。猫的视力不如我们的敏锐，因此猫主要依赖于检测物体的运动轨迹。

（173页）近距离观察猫的眼睛，中间有垂直的狭缝瞳孔。虽然这让猫看起来很可怕，但通过狭缝限制进入眼睛的光量，使猫咪可以在明亮的日光下看到东西。相反，在光线较暗的情况下，猫咪的瞳孔会扩大（会扩大到人类瞳孔的三倍大），占据大部分眼睛，以允许额外的光线进入。

（176—177页）猫最突出的胡须或触须位于鼻子的两侧。它们的根部充满了神经，并且高度敏感。胡须可以帮助猫在黑暗中导航或近距离"看"到东西，让它们能够感知空气运动或振动来定位物体。猫咪的胡须嵌入的深度是普通猫毛的两倍多。

（179 页上图）一只以狩猎技巧闻名的年轻缅因猫在炫耀它的胡须。在狩猎时，胡须可以帮助猫测量到猎物的确切位置、形状和大小，尤其是当猎物离它们的嘴太近而看不见的时候。

（178 页）除了鼻子两侧的长胡须外，猫的脸颊、眼睛上方和前腿的后面都有较小的胡须。通过触碰和感知气流，猫能够创建类似于周围环境 3D 地图，帮助导航，从而使它们可以检测到物体或障碍物，判断间隙的宽度，甚至测量物体之间的距离。

（179 页下图）猫有大眼睛、大耳朵和许多胡须，尤其是在黎明和黄昏时，猫咪非常适合成为出色的猎手。它们不仅可以在弱光下检测物体运动，还具有强大的嗅觉和听觉系统，长长的胡须还可以帮助它们导航。

（180 页）猫能够探测到我们听不到的高音，例如老鼠的吱吱声。它们大耳朵的外部称为耳廓，可以独立移动，有助于它们放大和定位声音。有些猫的耳朵里也长有细小的毛，称为"耳饰"，人们认为这有助于猫咪接收微弱的声音。

（181页下图）虽然大多数猫都有直立的耳朵，但有些猫的耳朵形状很独特。由于基因突变，苏格兰折耳猫的耳朵向前和向下弯曲折叠起来，并且朝向头的前部，这样使它看起来像猫头鹰一样。

（181页上图）有些猫的耳尖上有一簇较长的毛发，称为耳簇。这些毛发的用途尚不清楚。人们猜测它们的工作原理可能像胡须一样，是猫咪用来勘测头顶上方的物体或改善听力的。这只缅因猫既有耳簇，也有耳饰。

CAT

BEHAVIOUR

181

（182页）猫的鼻子在嗅觉方面的能力是人类的14倍。闻、嗅气味可以帮助猫识别人、物体、其他猫或动物，以及追踪猎物。猫也会使用留下自己的气味的方式来互换交配信息、标记并让其他猫远离它们自己的领地。

（183页上图）猫爪下面有一个类似垫子的肉垫，可以在它们从高处跳跃或跳下时使它们缓冲着陆。这些爪垫还可以帮助猫在崎岖的地面上行走，悄声移动和狩猎。

（183页下图）猫通过舔嘴唇和爪子来清洁自己。它们的唾液中含有一种类似清洁剂的天然物质，可以去除任何气味，并有助于保持它们的皮毛清洁。

（184—185 页）猫通常会将弯曲的爪子隐藏起来，这有助于它们保持爪尖的锋利。当它们想要使用爪子攀爬、狩猎、打架、抓挠以留下气味痕迹时，猫会弯曲它们爪子上的肌腱。

（186—187 页）猫舌头的特写镜头显示了被称为丝状乳头的微小钩状刺。这些是由角蛋白组成的，就像人类的指甲一样。丝状乳头就像梳子一样，可以让大量的唾液进入不同的毛皮层，一直到皮肤，以进行深层清洁。丝状乳头还有助于梳通并解开它们的毛。

（188页上图）猫咪只有在它们已经建立了社会关系时才会互相梳理毛发。这被称为相互理毛行为或梳毛社交，是情感连接的标志。猫从它们的母亲那里学习了这种行为，这意味着母性本能也可能发挥作用。

（188页下图）猫在醒着时有多达50%的时间用来舔舐它们的皮毛。这使它们保持清洁和光滑，有助于保护皮肤免受感染。猫总是先通过舔爪子清洁头部来梳理自己，然后沿着身体向下梳理。

（189 页）一只被毛蓬松的白色长毛猫在梳理腹部的皮毛，以保持皮毛清洁。它会通过舔、拉和咬它的皮毛，以去除死皮、掉落的毛、任何碎屑和寄生虫，并解开打结的毛。

（190页）尽管大多数猫都是短毛猫，但有些猫的被毛长度最长可达 12.5 厘米。被毛只有一种颜色且没有任何花纹的称为"纯色"。

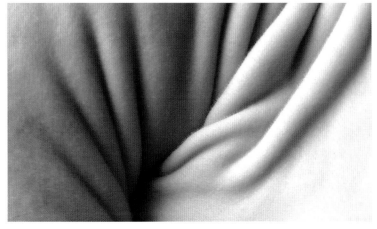

（191页上图）无毛猫，例如斯芬克斯猫或顿斯科伊猫，通常不会完全无毛。相反，它们有一层薄薄的绒毛。这种猫最终会出现油性皮肤，因此需要定期洗澡。

（191页中图）这种条纹和旋涡状的被毛花纹被称为虎斑。猫咪也可能同时拥有斑点、斑块或螺纹状的花纹。

（191页下图）当一身被毛有橙色、黑色和白色等多种颜色时，被称为玳瑁色。虽然这三种颜色是最常见的，但有些猫可能有奶油色、红色、巧克力棕色或蓝黑色。

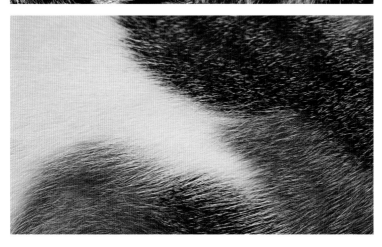

（192页）一只猫在花园围栏上行走，以获得更好的视野。除了出色的平衡能力外，猫还可以凭借它们强大的后腿，跳跃大约6倍的高度并爬到高处。

（193页上图）猫内耳中的平衡器官或称前庭器官帮助它在改变方向或速度时监测其平衡。即使在猫咪跌倒时，它们也会反射性地扭动身体并用爪子着地。

（193页下图）猫通常喜欢坐在高处或栖息处，这样它们就可以清楚地看到自己的领地或狩猎、攻击猎物。

（194—195页）兄弟姐妹通过摩擦头部来表达爱意。除了在它们是兄弟姐妹或亲属时这样做之外，如果多个猫咪生活在一起，猫还可以与其他猫成为朋友。当两只猫共享一个家时，它们会通过相互摩擦产生一种集体气味。

（196页）一只白猫的头在桌腿上蹭来蹭去。这会从位于猫咪脸颊上的腺体中留下气味，并标记猫的领地。通常，猫会在感到放松的地方摩擦揉头，而在感到受到威胁的地方撒尿。

（197页上图）猫喜欢狭小的空间，经常使用袋子或盒子作为藏身之处。人们认为这些地方可以给猫咪提供舒适和安全感，但不得不承认这样玩起来也很有趣！

（197页下图）一只猫和一只狗在户外玩耍。虽然这两者并不是天生就能一起玩耍，但小猫在社交早期遇到其他动物时，通常会变得更加友好和顽皮。

# CAT 🐾

## BEHAVIOUR

（198—199 页）一只可爱的小猫在和一只它的潜在猎物——毛茸茸的玩具老鼠玩耍。作为捕食者，猫在玩耍时会模仿狩猎行为。这使小猫可以练习狩猎技能并学习跟踪、捕捉和杀死猎物。

（200—201 页）一只小猫在户外玩蒲公英。被主人允许外出的猫咪，有更多的机会去探索，满足它们的好奇心，并追随它们的狩猎本能。

（202 页）猫在 6~9 个月之间性成熟。雌性通过产生气味和长长的叫声来吸引雄性。在交配过程中，公猫在上并咬住母猫的后颈。

（203页上图）当猫在打架时，它们松弛的皮肤可以帮助它们快速移动，以摆脱控制并保护自己。

（203页下图）猫咪通常会收起爪子四处打滚儿、张开爪子追逐或互相撞击。这种所谓的打架是无声的，且两只猫通常交替对打。

（204页上图）猫天生就能感知到来自其社会群体之外的猫的威胁，尤其是雄性。猫经常因为争取与雌性的交配权，保护食物、垃圾箱或它们的领地而大打出手。通常情况下，打架不会持续很长时间，失败者只被攻击者留下一些划痕和咬痕就逃跑了。

（204页下图）打架时，猫会将耳朵压扁并向后拉，以免耳朵内部遭受损坏，同时背部或尾巴上的毛会炸开。它们也可能大声吼叫并露出牙齿来恐吓对手。猫咪之间的打架看起来像摔跤，通常包括互相拍打和互咬攻击。

（204—205页）在狗面前，这只害怕的猫会弓起背部，炸起被毛使自己显得更大。受到惊吓时，猫会将耳朵贴在两侧，将胡须贴在脸颊上。相比之下，当受到威胁时，猫会将耳朵向后平放，胡须向前。

（207页上图）猫静静地等待着，准备好在猎物靠近到足以快速捕获到时扑向它。

CAT
BEHAVIOUR

（206页）一些猫通过主动跟踪猎物，然后在偷偷接近猎物后猛地加速跑去捕捉它。猫通常还喜欢在杀死猎物之前逗弄它。

（207页下图）像缅因猫这样的猫以善于捕猎而闻名。它们可以快速加速并通过远距离突袭以捕捉猎物。

（208页）孟加拉猫是野生豹猫和家养短毛猫的杂交品种，是天生的猎人。在这张图上，一只孟加拉猫坐在栏杆上跟踪猎物。

（209页）这种虎斑热带草原猫有着巨大的耳朵和长长的腿，它的大部分外貌特征和狩猎能力都归功于其祖先野生薮猫。像它的祖先一样，它可以突然扑到它的猎物身上。

# 幼猫

## 阿比西尼亚猫（211页）

阿比西尼亚猫精力充沛、好奇而聪明，经常寻求与主人玩耍，也被称为"猫王国的小丑"。

不可否认，小猫咪们在任何时候都是可爱的。从初春到深秋，当小猫出生时，它们完全不能自理。它们的眼睛是闭着的，它们的耳朵是折叠的，它们无法取暖或独自进食。这意味着小猫的一切都完全依赖于它们的母亲。

大约一周后，小猫开始睁开淡蓝色的眼睛。在小猫至少八周大之前，它们的真实眼睛颜色不会显现。小猫长得非常快，从大约两周到第七周，它们的身体变得更强壮、四肢更协调，学会给自己和其他猫理毛，并本能地玩包括跟踪、扑打、跳跃、咬和抓等游戏。这些游戏有助于帮它们以后学会狩猎。事实上，狩猎行为似乎与猫的大脑有关。八周后，小猫或多或少独立些了，仍然十分可爱。

大多数猫一窝有三到五只小猫。但是，有些猫一窝可以达到十只小猫。小猫两岁时将完全发育成熟。无论是什么品种，如果猫从小就被社会化，那它们长大通常会更友好，并且能够与新朋友或其他宠物相处。

## 伯曼猫（212—213 页）

这只珍贵的彩色小猫拥有独特的宝蓝色眼睛、白色爪子、鹰钩鼻和丝质长毛，非常适合陪伴人类。伯曼猫于 20 世纪 20 年代在法国被发现，但其确切的来源不明。传说这些猫属于古代缅甸的牧师，以前被称为"缅甸神猫"或法语中的 Birmanie，它的名字便来源于此。

## 异国短毛猫（214页）

这只可爱、温顺的小猫看起来很像波斯猫，圆头、扁平脸、丰满的脸颊和圆润的大眼睛，但被毛较短。这并不奇怪，因为异国短毛猫是波斯猫和各种短毛品种（包括美国短毛猫）的杂交品种。

## 折耳猫（215页上图）

这只耳朵有点折叠的虎斑小猫，也被称为异国折耳猫，是加拿大通过将苏格兰折耳猫与异国短毛猫杂交而成的。折耳猫能够在饲主家与其他宠物相处融洽，非常适合搂抱。

KITTENS

## 高地卷耳猫（215页下图）

凭借其独特的卷曲耳朵和短尾巴，这种非常顽皮且引人注目的小猫在任何家庭都是忠诚而活泼的伴儿。

**美国短毛猫**（217页上图）

这些有着圆润面庞的可爱小猫，以对儿童、狗和其他宠物深情而闻名。它们有 80 多种不同的颜色和花纹。

**美国短尾猫**（217页下图）

这些短尾小猫顽皮、善于交际，通常喜欢旅行和与人交往。美国短尾猫原产于美国，有长毛和短毛两类。

KITTENS

**美国硬毛猫**（216页）

尽管这只温柔、文静、友好的硬毛小猫通常更喜欢待在室内，但无论是户外还是室内，都能够玩得很开心。它的性格与其近亲美国短毛猫相似。

**英国短毛猫**（218—219 页）

这只几周大的可爱小猫不喜欢人们过多的关注。英国短毛猫安静而深情，更喜欢待在主人身边，而不是坐在他们的腿上或被抱起来。

**缅甸猫**（220—221页）

随着年龄的增长，这些欧洲缅甸小猫的活力、顽
皮、可爱不会流失，并且会继续享受你的陪伴。
然而，它们看起来会比实际更轻！

**埃及猫**（222页）

这只身上布满斑点的可爱小猫原产于埃及。埃及猫顽皮、深情、忠于主人，通常不接受陌生人。

**夏特尔猫**（222—223页）

这些看似在"微笑"的顽皮小猫大约需要两年时间才能成年。夏特尔猫是家庭所有成员，包括其他动物的好伙伴。

## 卷毛"外套"（224页）

虽然柯尼斯卷毛猫有卷曲或波浪状的被毛，但幼猫可能会在几周内暂时失去卷毛。它的卷毛被认为是一种由康沃尔锡矿的辐射引起的基因突变。这些卷毛非常珍贵，需要悉心养护。

**柯尼斯卷毛猫**（225 页左上图）
这只顽皮、好奇且精力充沛的小猫与成年猫一样，通常喜欢陪伴——有些甚至喜欢玩抛接球。它的大耳朵得益于其拥有的暹罗猫的基因。

**塞浦路斯小猫**（225 页右上图）
这些善于交际且深情的小猫喜欢陪伴主人的家庭，是完美的伴侣。它们原产于塞浦路斯，现在阿芙罗狄蒂猫就是塞浦路斯猫被人们选育发展成的标准化品种。

**顿斯科伊猫**（225 页右下图）
这种无毛小猫有时会有部分绒毛或波浪状的毛，事实上，有些猫在冬天还会长出斑块的皮毛。顿斯科伊猫友好、活跃，能够学习命令。

KITTENS

## 布偶猫
（226页上图）

这种珍贵的小猫，绰号是"像狗一样的猫"。它深情、温顺、乖巧，经常跟着人走。布偶猫很容易驯养，它们喜欢坐在主人的膝上。

## 欧洲短毛猫
（226页下图）

由擅长狩猎的欧洲家猫进化而来，顽皮、友善且聪明的欧洲短毛猫可以保卫花园和房屋，使其免遭啮齿动物的侵害。

**狸花猫**（226—227 页）

这只珍贵的中国虎斑小猫将会变成一只肌肉发达的大猫。它需要空间来保持活跃的个性。狸花猫的英文名为 Dragon li，在中国民间传说中，龙（Dragon）是权力、力量和好运的象征。

### 德文卷毛猫（228—229页）

这些独特的有着短而卷的被毛的调皮小猫被称为"小精灵猫"。有时它们似乎没有胡须，因为它们的胡须很短且通常也是卷曲的。德文卷毛猫非常活跃、顽皮和聪明，可以学习技巧，可以跳跃并探索高处。深情的德文卷毛猫也喜欢卧在你的肩膀或膝盖上。

KITTENS

## 美国卷耳猫（230页上图）

这些卷耳小猫出生时耳朵是直的，通常在几天内开始卷曲，并在大约四个月大时形成它们的最终形态。它们的耳朵软骨很硬，可能会因弯折而损坏，所以绝不能被弯折。

## 澳大利亚雾猫（230页下图）

澳大利亚雾猫活泼、深情，能够快乐地在室内生活。它有斑点或大理石纹的勾纹被毛，呈现出薄雾飘动般的效果。20世纪70年代在澳大利亚被培育出来，是非常受人们欢迎的猫咪。

## 阿拉伯猫（231页）

这只优雅且年轻的阿拉伯猫长着尖尖的耳朵，拥有略倾斜的椭圆形绿眼睛，是位沙漠居民。包括棕色虎斑纹在内，它还有多种颜色和花纹。

**孟加拉猫**（232—233 页）
一位猫妈妈正在舔舐它的孩子，
给它梳理毛发并表达爱意。尽管
有野猫血统，但孟加拉猫对主人
也很深情。

**东方双色猫**（234页）
这只可爱的小猫有杏仁状的眼睛和蝙蝠状的耳朵，个性很强。活跃、俏皮、充满好奇心的东方双色猫可以是长毛的，也可以是短毛的。

## 欧斯亚史烈斯猫（235 页上图）

这种美丽的蓝眼睛小猫被认为是活跃、深情和友好的代表，它的名字来源于西班牙语，意思是"蓝眼睛"。人们对欧斯亚史烈斯猫知之甚少，因为只有少数该品种的猫被繁殖。

## 湄公短尾猫（235 页下图）

这种来自东南亚的顽皮又深情的小猫以其短尾、美丽动人的蓝眼睛和与暹罗猫相似的重点色被毛而闻名。

**喜玛拉雅猫**（236—237 页）

珍贵的新生小猫看起来像毛茸茸的小毛球。喜马拉雅猫长而厚的被毛覆盖了它们的整个身体。它们友爱、安静，要求不高，是人类的好伙伴。

### 拉邦猫（238页）

这只有着很长的卷曲胡须的小猫看起来像烫了满头蓬松的卷发一样。拉邦猫以其卷曲的被毛命名，它精力充沛、深情并喜欢人类的陪伴。

### 卡纳尼猫（239页）

这只活泼的小猫有着大耳朵和长有斑点的被毛。卡纳尼猫继承了它的野生祖先非洲野猫的外表和充沛的精力。

## 玩具虎猫（241页上图）

这只活泼的小猫就像一只小老虎或"玩具"老虎。这是它的饲养员想要的样子。玩具虎猫外向、聪明、友好，喜欢和主人一起玩游戏。

## 现代暹罗猫（240页）

这种迷人的小猫有着三角形的小脑袋、大耳朵和杏仁状的蓝眼睛，它是所有猫中最友好也是叫声最响亮的。现代暹罗猫聪明、精力充沛，而且喜欢受到人们的关注。

## 雪鞋猫（241页下图）

这只可爱的小猫有着独特的白色爪子，喜欢和人或其他宠物在一起，讨厌自己单独待着。雪鞋猫非常聪明，可以自己开门或取玩具玩。

### 曼切堪猫（242 页上图）

这只短腿小猫精力充沛，跑得很快，喜欢和家人一起玩。曼切堪猫的后腿通常比前腿稍长。

### 乌克兰勒夫科伊猫（242 页下图）

这只来自乌克兰的小猫咪有着不同寻常的耳朵。乌克兰勒夫科伊猫顽皮、友好并且喜欢来自家庭或其他宠物的陪伴。它的被毛非常薄，这导致了其皮肤非常敏感，因此需要主人的精心保护，以免它受到寒冷气温或阳光的直射。

### 涅瓦假面舞会猫（243页上图）

这只可爱、温柔的小猫有着厚厚的被毛，是俄罗斯森林猫西伯利亚猫的重点色品种。众所周知，涅瓦假面舞会猫喜欢成为家庭的一部分，它们主要依恋家庭中的孩子。

### 缅因猫（242—243页）

这只迷人的、毛茸茸的小猫，尾巴被毛浓密，是第三受欢迎的猫品种。被称为"温柔的巨人"的缅因猫聪明又安静，尽管体形庞大，但它们一生都像小猫一样行事。

### 俄罗斯蓝猫（244上图—245页）

这些聪明友好的小猫咪可不懒惰。事实上，如果不是一直和玩伴玩耍或是玩玩具，它们会很容易感到无聊，或者另辟蹊径开始对主人恶作剧。充满活力和好奇心的俄罗斯蓝猫是十分优秀的攀登者、跳跃者和猎人，但在陌生面孔前也会表现得非常害羞。

### 暹罗猫（244页下图）

这只非常聪明的小猫，也被称为泰国猫或"月亮钻石"，它是原始的暹罗猫品种。暹罗猫精力充沛、十分友好、声音很响亮，需要主人全心全意的关爱。

图书在版编目（CIP）数据

　　猫 ／（希）朱莉安娜·普洛斯著 ；历史独角兽，呆
头译. -- 北京 ：中国友谊出版公司，2023.9
　　ISBN 978-7-5057-5679-3

　　Ⅰ．①猫… Ⅱ．①朱… ②历… ③呆… Ⅲ．①猫-图
集 Ⅳ．①S829.3-64

中国国家版本馆CIP数据核字(2023)第129567号

著作权合同登记号 图字：01-2023-2703

| | |
|---|---|
| 书名 | 猫 |
| 作者 | [希] 朱莉安娜·普洛斯 |
| 译者 | 历史独角兽　呆头 |
| 出版 | 中国友谊出版公司 |
| 发行 | 中国友谊出版公司 |
| 经销 | 新华书店 |
| 印刷 | 北京中科印刷有限公司 |
| 规格 | 787×1092毫米　16开 |
| | 15.5印张　58千字 |
| 版次 | 2023年9月第1版 |
| 印次 | 2023年9月第1次印刷 |
| 书号 | ISBN 978-7-5057-5679-3 |
| 定价 | 168.00元 |
| 地址 | 北京市朝阳区西坝河南里17号楼 |
| 邮编 | 100028 |
| 电话 | (010) 64678009 |

如发现图书质量问题，可联系调换。质量投诉电话：（010）59799930-601

出品人：许　永
出版统筹：海　云
责任编辑：许宗华
特邀编辑：马志敏
封面设计：刘晓昕
版式设计：万　雪
印制总监：蒋　波
发行总监：田峰峥

发　　行：北京创美汇品图书有限公司
发行热线：010-59799930
投稿信箱：cmsdbj@163.com

创美工厂
官方微博

创美工厂
微信公众号

小美读书会
微信公众号

小美读书会
读者群